U0162228

畅想未来世纪

[韩]金成花 [韩]权秀珍/著 [韩]崔美兰/绘 小栗子/译

电子工业出版社·
Publishing House of Electronics Industry
北京·BEIJING

　　这个故事发生在离我们还非常非常非常遥远的未来。也就是说，在1万年、1亿年、10亿年后，甚至更长时间，这个故事才会真正发生。

　　什么？还有人想继续听这个故事？！

真的有吗？

很好!

那就赶快戴上你们的护目镜吧!

我们马上就要出发,飞向未来了。我可不会那么无聊,带你们飞到100年、500年或者1 000年以后的未来,随便糊弄一下。我要带你们去1万年、1亿年、10亿年以后的未来!

无论你见到的地球变成了什么样子,都不要恐慌。

地球或许无法选择自己的未来,但是人类可以!

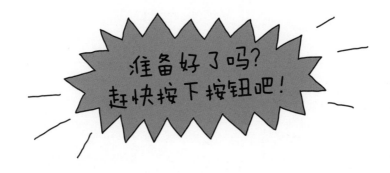

准备好了吗?
赶快按下按钮吧!

目录

01

地球的命运
早已确定

地球怎么变成了这个样子

地球好烫。

所有比老鼠大的动物都灭绝了。

"你在说什么？"

"人类也灭绝了吗？"

如果没有逃离地球，人类也会灭绝！

地球越来越烫了。即使借助最前沿的科学技术，我们也无法阻挡即将发生在地球上的灾难了。

很多很多年以后的某一天，地球上的动植物全部消失了。

地球上的温度甚至会超过50℃。海水被一点儿一点儿地蒸发，飞向宇宙。地球上只剩下一些嗜热的微生物可以继续生存。

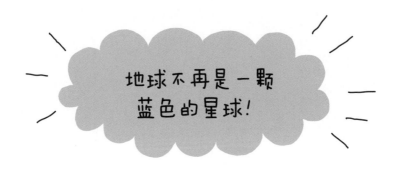

地球不再是一颗
蓝色的星球！

根据科学家的推算，地球诞生于大约46亿年前，并且会在大约74亿年后消失得无影无踪。在地球漫长的一生中，只有很短一段时间适合动物和植物生存。

地球的时间表

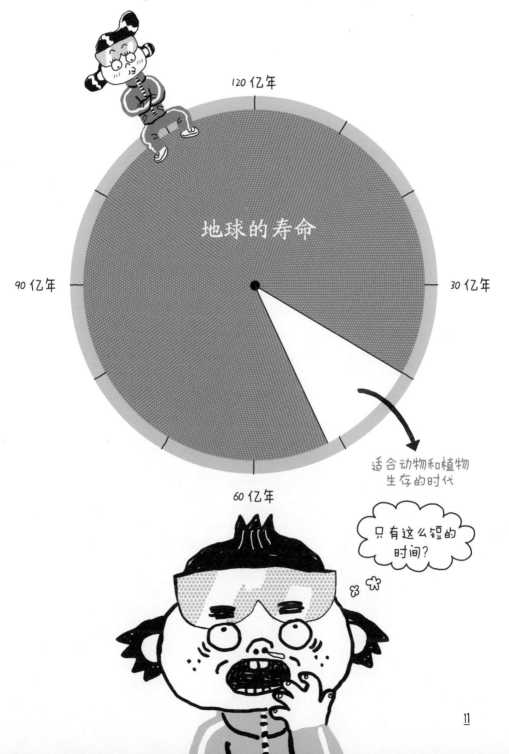

科学家曾经用计算机预测过地球的未来。

小行星撞击地球的概率 99%

可怕的冰河时期到来的概率 99%

氧气消失的概率 100%

水和大海消失的概率 100%

动物灭绝的概率 100%

植物灭绝的概率 100%

地球会永远消失的概率 99%

"地球上为什么会发生这种事情呢?"

你想知道原因吗?

其实,发生这一切并不是因为地球本身有什么问题,而是因为在离地球大约 1 亿 5 000 万千米的地方有一个巨大的物体,它散发着耀眼的光芒,掌控着地球的命运。它就是太阳!

02

因为
有太阳

太阳是太阳系中心的恒星。地球随着太阳的诞生而诞生，地球上的一切都受到太阳的影响。

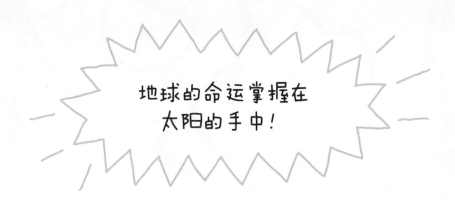

地球的命运掌握在
太阳的手中！

因此，要想了解地球的命运，我们首先要了解未来太阳的变化。

太阳虽然体积庞大，比地球要大 130 万倍，但是组成它的元素却并不复杂，最主要的是氢。据科学家推测，大约在 46 亿年前，银河系中的一片星云因为引力作用而坍缩，无数氢原子和一些其他物质集中到了中心。它们不断聚集，最终形成了我们看到的"大火球"。

太阳会变成什么样子呢？

我们可以用物理法则

预测这个

"大火球"的未来！

太阳变得越来越烫，
越来越亮，
也越来越大了！

真的吗？

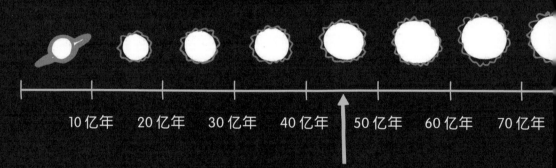

10亿年　20亿年　30亿年　40亿年　50亿年　60亿年　70亿年

现在的太阳大概
处于这个位置！

亿年　　90 亿年　　100 亿年　　110 亿年　　120 亿年

太阳每天都在以每秒6亿3500万吨的速度燃烧氢气。正因为如此，太阳才会变得越来越亮，越来越大。

76亿年以后，
太阳会比现在大250倍，
比现在亮2700倍！

太阳就像个大火炉，里面的火越烧越旺。但是，再大的火炉也有燃料用尽的一天。大约64亿年以后，太阳内核的氢原子会被用尽，到时候太阳就会失去平衡，越变越大，最终变成一颗红巨星！慢慢地，地球可能在高温下变成一锅粥，化作一缕烟，还可能会被不断变大的太阳吞没！

然而地球的温度每上升 1℃，生态环境就会发生巨大的变化。因此，要不了多久，慢慢升高的温度就会导致一系列可怕的事情发生。例如，一些重要的东西会悄然消失。这些东西无色无味也不会发出声音，所以一开始人们根本察觉不到它们在消失，直到有一天……

40 ℃
50 ℃
70 ℃
374 ℃

地球变得很热很热，二氧化碳消失了！

"你在胡说什么？二氧化碳明明越来越多了。难道你没有听说过温室效应吗？"

没错，从短时间来看，也就是未来几百年间，空气中二氧化碳的含量确实可能因为人类活动冲上高峰；但是，从更长的时间来看，也就是几亿年之后，空气中的二氧化碳会越来越少。如果二氧化碳真的全部都消失了，我们就会遇到很大的麻烦。

"为什么？"

因为没有二氧化碳，植物就无法继续生存。植物的生长需要阳光、二氧化碳和水，三样东西缺一不可。

为什么？

因为二氧化碳都被"关"在了别的地方！

"它们被'关'在哪里了？"

它们会被封在地里，或者沉进大海里！

如果地球不断地变热，就会有更多的水分被蒸发，地球上就会下更多的雨。大部分二氧化碳会随着雨水进入海里。在大海中，它们一部分被动植物吸收，一部分与海里的矿物颗粒结合，一层又一层地沉积成海底的石灰岩。还有一部分二氧化碳会躲进雨水里，和地表上的岩石发生一系列化学反应，然后它们就会被封存在石灰岩中，被埋在地里。

虽然火山爆发或者海底发生地震的时候，二氧化碳会再次上升到地面，飘散在空气之中。但是，如果地球的温度持续攀升，被封存于海底、地底的二氧化碳就会远远超过空气中的二氧化碳。

最终，
地球大气中的

二氧化碳会

全部消失！

接下来，地球上就会出现一系列的连锁反应，就像多米诺骨牌一样。

"我很喜欢玩多米诺骨牌！"

不，这一次的多米诺骨牌可不是闹着玩儿的！

如果二氧化碳消失了……

植物就会消失！

植物消失了？

紧接着，氧气就会消失！

氧气也消失了吗？

那么，接下来就轮到动物消失了！

然而，这并不是结局。

地球上的土壤也会消失！

失去了植物根系的守护，土壤就会很轻易地被雨水带入大海。最终，大地变成荒芜的沙漠。而这一系列环境的变化都会加速地球升温——地球的温度会飙升。

49℃

48℃

47℃

46℃

45℃ ←

44℃

43℃

42℃

41℃

40℃

45℃已经超过了大部分动物可以生存的极限。动物身体内部的细胞都将遭到破坏。

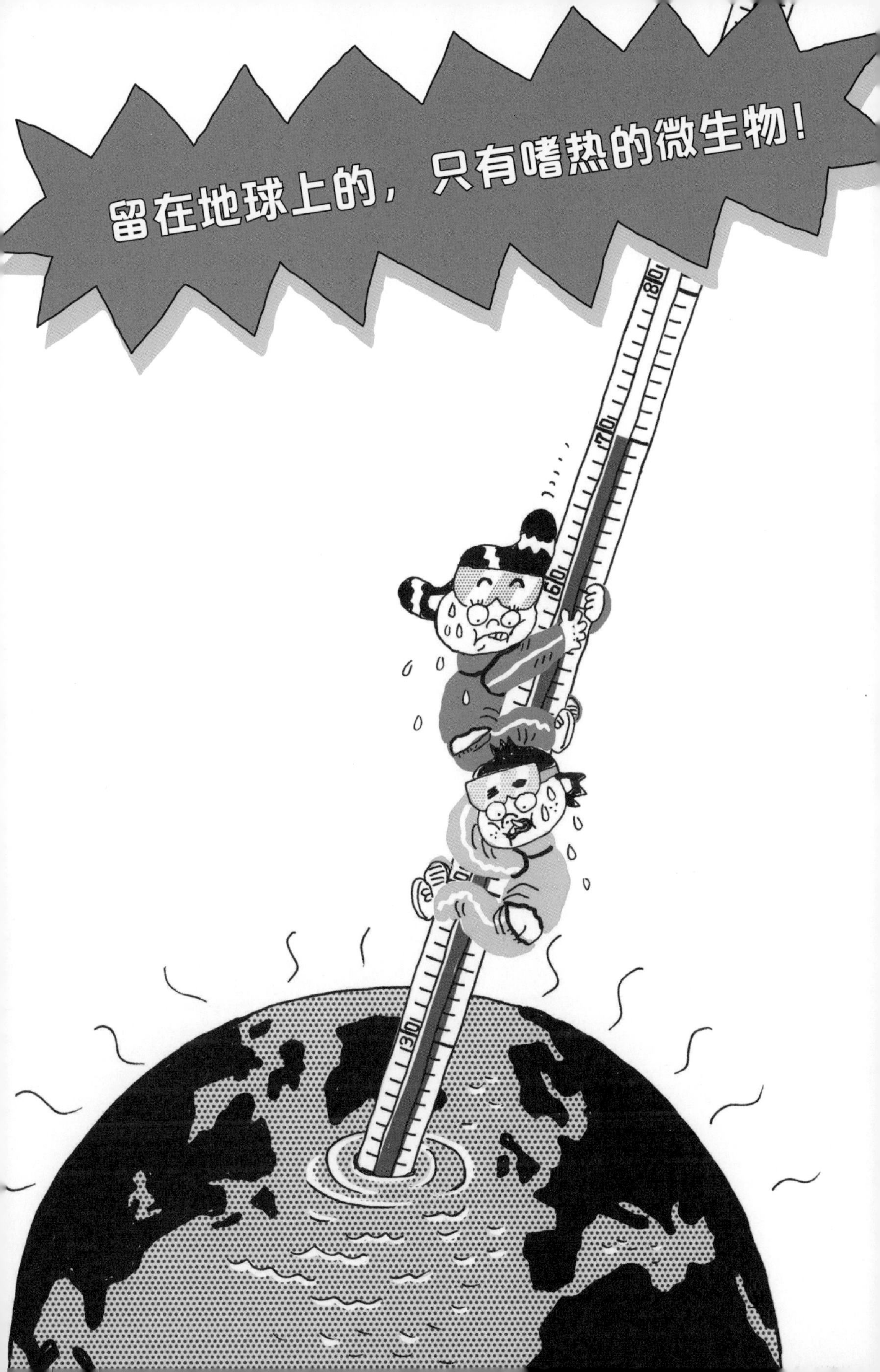
留在地球上的，只有嗜热的微生物！
80
70
60
30

10 亿年以后的地球，温度将会

达到 70℃。

慢慢地，海水就会开始蒸发！

水蒸气不停地飞向天空。

水蒸气是比二氧化碳还要强大的温室气体。很快，地球就会被水蒸气笼罩，升温速度继续加快，地球变成一个巨大的蒸笼。

在未来的某一天，地球的温度会达到374℃。

"374℃？"

在那样的高温条件下，绝对没有任何物体可以保持液体的状态。地球上的水将蒸发殆尽！

巨大的小行星正以比火箭还要快的速度飞向地球！

轰隆隆隆隆！

　　小行星撞击地球，是一件非常可怕的事情！试想一下，世界上所有的核弹同时爆炸会释放出多大的威力？小行星撞击地球的威力比这还要大。

　　6 500万年之前就曾经有一颗小行星撞击了地球。就是那次撞击让陆地上的恐龙，以及海洋中50%以上的无脊椎动物全部灭绝。

　　当然，自人类诞生以来，还没有发生过有确切证据可以证明的小行星撞击地球的事件。你一定也没有亲眼见过小行星撞击地球的样子。你的奶奶的奶奶的奶奶肯定也没有见过小行星。

　　"那我们还在担心什么！"

　　不要高兴得太早！以前没有，现在没有，不代表未来就不会发生！

地球外的宇宙空间，就像一个满天都是子弹和炸弹的巨型战场，空中到处都是小行星和彗星！

截至2021年6月1日，科学家就已经发现了26 384颗有可能闯进地球公转轨道的小行星和彗星。

不过，在这些小行星和彗星中，只有大约2 261颗会对地球产生威胁。它们同时满足了两个条件：第一，与地球距离足够近，与地球轨道的距离小于0.05个天文单位（约750万千米）；第二，体积足够大，直径大于140米。

"2 261颗？"

不错，这个数字还在与日俱增。宇宙空间中究竟有多少颗小行星和彗星，还有多少能对地球产生威胁的天体没有被望远镜发现，科学家也无法给出准确的答案。

著名的天文学家、天体物理学家，卡尔·萨根博士也曾经为此表达过他的担忧："小行星一定会撞击地球！只是不知道会在什么时候发生！"

"那我们该怎么办！"

我们需要更多的科学家对小行星进行研究、检测、预警。但是，大多数科学家都更热衷于研究恒星、黑洞和系外行星，因此对小行星的研究一直都没有得到应有的重视。

让我来研究！

祝你好运！

小行星专家正在查阅无数历史资料，观测着天空。他们正在尝试着计算出小行星撞击地球的概率。

直径100米，
每10万年1颗。

直径超过10千米的巨大小行星，
每1亿年就会飞来1颗！

你在做什么？
我在计算下一颗小行星什么时候会坠落到地球上。
100000000
−65000000
每1亿年就会飞来1颗巨大小行星，那么……

"我已经算出下一次小行星和地球相撞的时间了！就在3 500万年以后！"

哪有这么容易算！由于地球和小行星都处在运动之中，小行星的运行轨道又受到地球引力、热辐射等诸多因素的影响，因此地球上的人无论用什么样的方式去观测、计算，都会存在误差。

下一次小行星坠落也许会在1亿年以后，也有可能在100年以后。

谁能说得准呢？也许明天就会是那一天！

而且如果小行星坠落在大海中，后果会更加严重。

"为什么？"

如果巨大的小行星坠入太平洋，只需几分钟，太平洋的海水就会沸腾起来。热气腾腾的水蒸气会把地球完全笼罩。几小时之内，地球就会变成一个巨大的蒸笼。数百摄氏度的高温足以在一瞬间杀死地球上的一切生命。这样一来，就算是嗜热的微生物都无法继续在地球上生存了！

不过，即使我们可以推算出小行星撞击地球的时间，也来不及做好应对的准备。

例如：2002 年，曾经有一颗和足球场一样大的小行星与月球擦肩而过。而从科学家发现这颗小行星，到这一切真正发生，仅仅相隔了 12 天！

"天啊！"

只有 12 天，人类怎么可能做好准备呢？

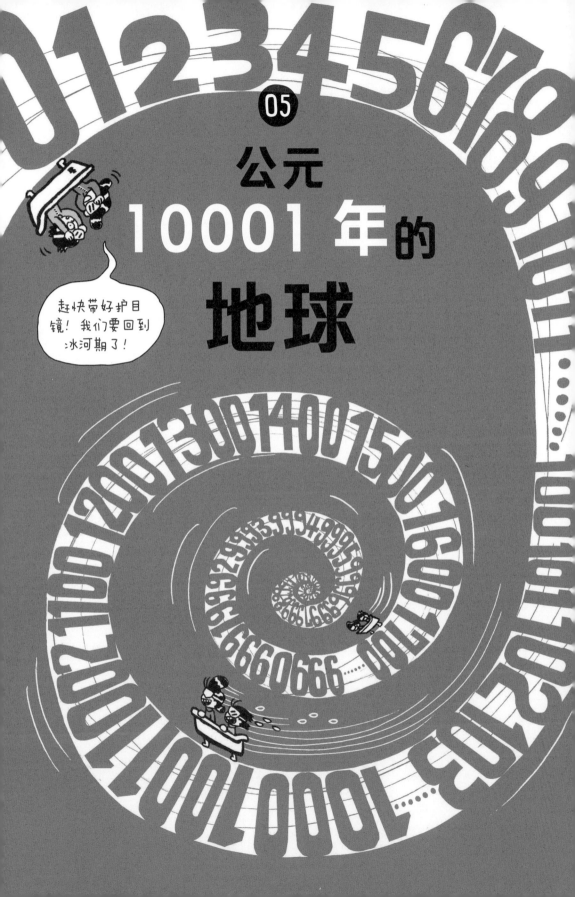

现在是公元 10001 年，处于冰河期！

凛冽的寒风呼啸着，厚厚的冰层覆盖着地面。可怕的寒冷让最后一株草、最后一只蟑螂都消失了。

人类在地下建设了巨大的城市。如果你想看一看太阳，就必须跑到地面上！人们偶尔会乘坐电梯回到地面上，看一看太阳在厚厚的冰层的那一头缓缓落下。

10001 年的某一天……

大约在 10 000 年以后，地球就会完全被冰覆盖！

也就是说，地球变热离我们还非常遥远。在此之前，我们会首先迎来冰河期。

"冰河期?"

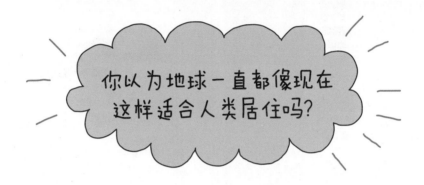

不，地球的环境其实是非常不稳定的。在很久很久以前，地球就曾经被冻住，而且还不止一次！

"真的吗?"

在地球刚刚诞生的时候，它像火球一样炽热。随后，地球开始降温，直到整个地球都被冰封；接着，地球的温度逐渐回升，但是一段时间后又变低了；过了很久以后，地球再次变得暖和起来；接下来，又一次被冰川覆盖，然后再次重新热起来。就这样，循环往复，地球迎来了第四纪冰河期。它始于大约 250 万年前！

冰河期并没有结束！我们现在仍处在冰河期！

"怎么可能！现在很暖和啊！"

那是因为目前地球处在间冰期，所以我们现在才可以在相对暖和的环境中生活。

"什么是间冰期?"

冰河期是很漫长的，在这个过程中会有很多次寒冷的冰期和温暖的间冰期之间的更替。相邻的两个冰期之间会出现相对温暖的时期，这段时期就叫作间冰期。

但是，间冰期很快就会结束，寒冷的冰期马上就要来了！

"你是怎么知道的?"

因为冰期和间冰期的交替是有规律的，我们可以回顾历史，预测未来。

科学家们凿开了南极厚厚的冰层，取出了一个长达 3 千米的样本。地球冷暖变化的秘密就藏在那根"冰棍"里！

"真的吗?"

那根"冰棍"封存了过去地球上的空气!

在水结成冰的时候,空气被困在了里面,变成了"冰棍"里的小气泡。冰棍的底层是最古老的冰层,往上是一层又一层不同时期的冰层。每一个冰层中都有很多空气形成的气泡,我们可以由此看出地球的冷暖变化。

这是一项非常复杂又非常艰难的分析工作。科学家必须非常细心地分析每一个冰层中的数千个气泡,弄清楚数万个原子的成分、数量和特征,再由此计算出冰层形成时的温度。

你想看看吗?

这就是科学家通过一根"冰棍"分析出来的地球气候变化的秘密!

间冰期

冰期

间冰期

冰期

间冰期

冰期

间冰期

冰期

间冰期

冰期

间冰期

冰期

间冰期

冰期

间冰期

冰期

间冰期

公元 2020 年

12 000 年前

50 万年前

在这个漫长的冰河期中，
我们一共经历了 18 次长长的冰期
和 17 次短暂的间冰期。

而一个不太好的消息是

第 18 次间冰期马上
就要结束了！

我们目前所处的间冰期在 12 000 年前就已经开始了，而人类文明的历史也恰好是在这 12 000 年中产生的。

　　在这段时间里，人类开始了农耕，建设了城市，发明了钱币和文字，建立了国家，创造了无数艺术作品，发明了发电机和汽车。除此之外，我们还发明了计算机和机器人，成功地把火箭送到了宇宙！这一切都是在短暂的间冰期中发生的。

　　科学家预测，也许在 10 000 年以后，这次间冰期就结束了。接下来就是新一个冰期的开始，就像 250 万年前发生过的一样。

温室效应是人为造成的，也许它可以推迟冰期的到来，但绝对不可能彻底阻止它！

一旦冰期开始，北京、巴黎、纽约、首尔……都将被3千米厚的冰层覆盖。即使是世界上最高的大楼，也将被冰雪淹没。与此同时，气候会变得十分干燥，冰河的最南端连接着巨大的沙漠。此外，根据科学家的预测，冰期的到来还会导致许多动植物的灭绝。地球上动物和植物的数量会骤减至现在的千分之一，甚至万分之一。

人类的命运又将如何？

人类还会继续在地球上生活吗？

06

寻找古迪
洛克行星

"古迪洛克行星是什么?"

它就是科学家正在寻找的,和地球相似的行星。

古迪洛克这个名字来自《金发女孩和三只熊》这个童话故事。故事里的金发小女孩古迪洛克来到三只熊的家里。那里所有东西都有三种尺寸,小女孩排除不合适的,最后选了最合适自己的一组东西。

和她一样,我们要寻找的也是一颗最合适的行星,不大也不小,不太热也不太冷。

幸运的是,我们还有很多时间,可以慢慢地寻找。100年、1000年、10000年……在这段时间里,人类的科学技术可以发展到什么水平?又会有什么新的发现?没有人可以给出准确的答案。毕竟,生活在100年前的科学家们甚至无法想象,宇宙中还有和地球类似的行星。

寻找古迪洛克行星 ……

2015 年，科学家通过开普勒望远镜找到了位于恒星宜居带的古迪洛克行星。

它就是离地球约 1 400 光年远的开普勒−452b 行星。

开普勒−452b 是一颗和地球十分相似的系外行星。但是，迄今为止，科学家还没有在开普勒−452b 上找到液态水。而水是生命存在的先决条件，也是人类生命的源泉。

其实，水在宇宙中并不是什么稀罕的东西。因为水是由氢和氧组成的，这两种元素又分别是宇宙中最多和第三多的成分。只是，如果一颗行星想要像地球一样拥有液态水，那么它就必须满足三个条件。

第一条

与恒星的距离不能太远，也不能太近。

第二条

重力不可以太小！

第三条

需要坚硬的地表！

地球恰好满足了这三个条件。

地球和太阳的距离适中，不是很远，也不是很近。如果与太阳的距离太近，水就会咕嘟咕嘟地沸腾起来，很快就会变成水蒸气。一阵强太阳风吹过，水蒸气就会被吹散。而如果离太阳太远，水就会全部被冻成冰。地球的重力也刚刚好，不强也不弱。如果地球的重力很小，那么水还是会飞向宇宙。而且，地球有坚硬的地表，海洋是覆盖在地表之上的。

宇宙中究竟有没有一颗和地球一样，与恒星保持适当距离，同时拥有陆地和液态水的行星？

科学家正在用最先进的射电望远镜努力地寻找着。他们首先要找到一个和太阳系类似的恒星系，然后在这个恒星系中寻找类地行星。

早期科学家认为太阳系只是一个很平凡的星系，宇宙中一定有很多个和太阳系类似的恒星系。

然而，事实并非如此。随着科学技术的不断发展，科学家们发现了宇宙中不计其数、五花八门的恒星系。在一些恒星系中，恒星比太阳小，比太阳暗淡；而在另外一些恒星系中，会有不止一颗恒星。在这些恒星系中又有着各种各样的行星……

近距离围绕恒星运转的
大型岩石行星

围绕好多颗恒星公转的行星

非以岩石和固态物质组成的
气态巨行星

运行轨迹为
巨大的椭圆形的行星

被大量海水覆盖的海洋行星

其中有古迪洛克行星吗？

科学家认真地研究了这些奇奇怪怪的太阳系外行星，最后得到了一份候选名单。

不要被吓到哟！

仅仅在我们所在的银河系中，就有200亿颗行星可以被纳入古迪洛克行星候选名单！

"哇，这么多？"

对，非常多！这些行星都有可能适宜人类生存！

科学家把这 200 亿颗行星都调查了一遍吗?

没有,其实大部分行星还没有被发现。

什么情况?

这只是科学家预测出来的数字。星系里有多少颗恒星,其中有多少颗恒星带有行星,又有多少行星和地球一样与恒星的距离恰好合适,这些都是经过计算预测出来的。

天啊!

不过我们真的找到了其中的有几颗行星!

真的吗?

古迪洛克行星行星目录

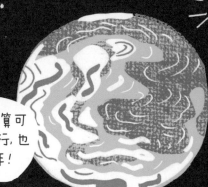

开普勒-452b

与地球的距离：1400 光年
公转周期：约 385 天
质量：约为地球的 5 倍
表面重力：约为地球的 2 倍
地表温度：约为 -8 ℃

太远了！就算可以以光速飞行，也要飞 1400 年！

比邻星 b

与地球的距离：约 4.2 光年
公转周期：约 11.2 天
质量：约为地球的 1.6 倍
表面重力：未知
地表温度：约为 -39 ℃

它是已知离地球最近的系外行星！

TRAPPIST-1e

与地球的距离：40 光年
公转周期：约 6.1 天
质量：约为地球的 0.77 倍
表面重力：约为地球的 0.1 倍
地表温度：约为 −27.05 ℃

因为与恒星的距离太近，这颗行星上的一年只相当于们的 6 天。但是这里并不热。为它的母星比太阳小 100 倍，是一颗很暗淡的恒星。

在目前被发现的所有行星中，它是和地球最相似的行星！

蒂加登 b

与地球的距离：12.5 光年
公转周期：4.9 天
质量：约为地球的 1.05 倍
表面重力：未知
地表温度：约为 28 ℃

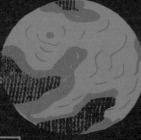

"好想去系外行星呀！"

去哪一颗行星好呢？

就选离地球最近的系外行星吧！

为我们祈福吧。我们需要非常非常好的运气。

"为什么?"

因为宇宙中有各种各样大大小小的石头,它们都在以每小时数万千米的速度飞行。如果宇宙飞船与这些石头相撞,就会被砸出大窟窿!我们需要足够幸运才可以躲开这些石头。

"呃……想一想就好可怕!"

怕也没用了,我们现在正坐在世界上最快的宇宙飞船里,以每小时 24 万千米的速度飞行。

"哇!好快!"

没什么好大惊小怪的!我们飞得再快,也只是光速的 1/4 500 而已。

第一种飞往系外
行星的方法，
就是把宇宙飞船的
目的地锁定为
离地球最近的系外行星，
也就是比邻星 b，
然后让所有人进入冷冻状态，
开始睡觉！

准备好了吗?

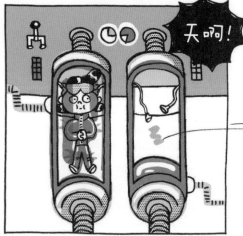

"太荒唐了，竟然需要这么长的时间！"

没错，因为距离实在太远了！

虽然宇宙中有很多系外行星，但是它们都离我们太远了。比邻星b已经是离地球最近的系外行星了。大部分系外行星在更遥远的地方，与地球的距离是比邻星b与地球之间距离的数百倍，甚至数千倍。

有!

如果你不想被冷冻起来，睡19 000年的大觉，你还可以选择在宇宙飞船里生活！

"可是人类寿命远没有那么长啊！"

科学家正在努力寻找克服老化的方法，来延长人类的寿命。而且，人类还可以在飞船里结婚生子！你想象一下，我们有一艘巨大的宇宙飞船，飞船里有充足的食物、衣物、药物……人们在宇宙飞船里生活，生出宝宝。这些宝宝长大以后会继续孕育自己的孩子，不停地生育和繁衍。最终，出生在19 000年以后的孩子就可以顺利抵达目的地了。

"可我不想一辈子生活在宇宙飞船里！"

那么……这个办法怎么样？
冲压喷气宇宙飞船！

科学家们正在研究一种飞行速度更快的新型宇宙飞船，它就是冲压喷气宇宙飞船。这种飞船并不需要装满燃料的沉重火箭来运载，而是通过巨大的漏斗，吸收宇宙中的氢，并把它加热到数百万摄氏度，引发核聚变反应，从而获得助推力。

　　冲压喷气宇宙飞船飞行1年，速度就可以达到光速的77%。所以我们很快就能抵达位于仙女座星系的恒星！

　　只不过，目前这种冲压喷气宇宙飞船还只存在于我们的想象之中。一方面，科学家们也不确定宇宙空间是否有足够的氢；另一方面，要想收集到充足的氢气，漏斗形收集器就要造得非常大。有一些计算数据显示，它的直径至少要达到数百千米。更有一些科学家预测，收集器的直径也许会达到数万千米。带着这样的庞然大物，我们真的可以顺利地进行宇宙旅行吗？

如果可以解决这些问题，冲压喷气宇宙飞船是可以在短期内成为现实的。

"真希望快快成功！"

不过，还有一个更惊人的方法可以把我们送到宇宙中。这个方法不需要麻烦的收集器，也不需要宇宙飞船。

那么我们要
乘坐什么呢？

坐在光线上，飞往宇宙！

没错，就是

激光
转移！

"坐在激光光束上？这怎么可能！"

当然，我们的身体是没办法坐在光束上的。但是，我们的精神和记忆可以呀！我们只需要把人类大脑中的信息全部放到激光光束上，把它们射向宇宙，只要2秒，就可以到达月球。

"天啊，这有可能做到吗？"

有可能。如果我们可以揭开大脑的秘密，分析出人类大脑的连接组，那么这一切就有可能发生了。

"连接组？那是什么？"

你还没有读到吗？在《大脑科学》分册中，我们已经讲过关于连接组的知识了呀！

连接组是完美的"大脑线路图"，也就是大脑中所有神经网的信息。未来，人们有望把连接组转化成数字化信息，再把它们放在激光光束上发射出去！

让我们想象一下吧。

假设你的连接组通过激光光束成功地着陆在系外行星上。目的地有一个接收基地，那里有一台超级计算机正等待你的到来。

从现在开始，你的意识会慢慢地在计算机里复苏。也就是说，你在计算机里复活了！

但是，你应该不愿意一直生活在计算机里吧？不用担心。那里还有一台机器人，计算机里的连接组会被转移到机器人中。这样一来，你就可以通过驱动机器人自由活动了！

机器人很强壮，也很结实。即使系外行星上没有氧气，温度或高或低，重力或强或弱，机器人都可以很好地适应！

请为我换一个
酷酷的形象！

科学家们认为激光转移技术是一种可以让人类进行太空旅行的具有开创性意义的方法。

是不是很酷？

其实，还有更酷的方法！

1905 年，爱因斯坦已经证明光速是世界上最快的速度，所以没有任何一艘宇宙飞船可以超过光速飞行。

这么说，我们真的没有别的办法了吗？

科学家们开始了思考。

"把空间拉过来？"

嗯……

怎么办呢？

想到了！

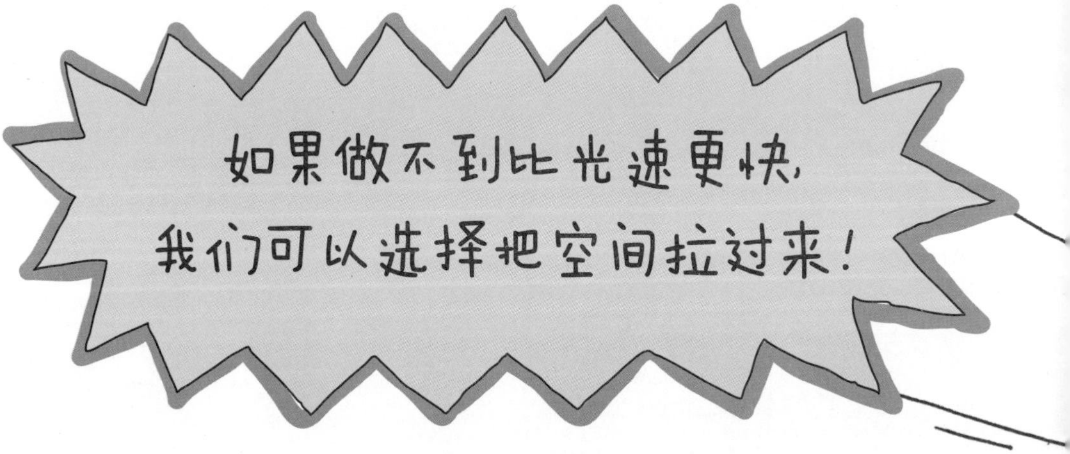

如果做不到比光速更快，我们可以选择把空间拉过来！

没错。我们可以把空间拉过来，缩短我们与其他恒星系之间的距离！

不是宇宙飞船飞向恒星，而是让恒星所在的空间飞向宇宙飞船！

"天啊！还可以这样吗？"

有可能！科学家们正在研究！

想象一下。如果你在卧室的这一边，对面有一把椅子，而且椅子下面还铺着一张地毯。如果想要拉近你和椅子的距离，你会怎么做？

"太简单了。我可以走到椅子旁边呀。"

其实还有另一种方法！

拉近我与椅子之间距离的神奇方法

拉一拉！ 拉一拉！

嗖

只要拉动地毯，椅子就会慢慢地靠近你。将地毯卷起来的时候，你和椅子之间的距离也越来越近了。

　　同样的道理，我们可以轻轻地拉一拉宇宙空间，通过这个方法让宇宙飞船着陆在恒星上。只要空间可以被折叠，即使宇宙飞船停止飞行，它也可以很快到达恒星！这并不违背爱心斯坦的相对论。的确，没有任何物体可以超过光速飞行，但是通过这个方法，我们仍然可以飞向恒星。

　　这个惊人的方法叫作**曲率驱动**（warp drive）！

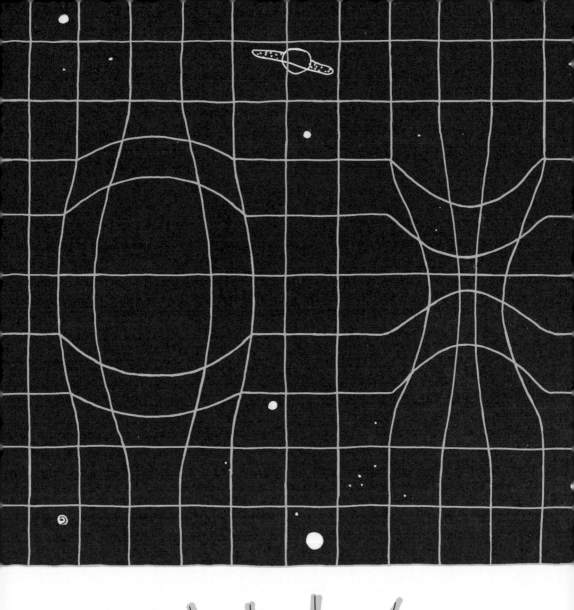

如果可以实现
曲率驱动，

我们只需两周时间，就可以飞
到离我们最近的恒星！

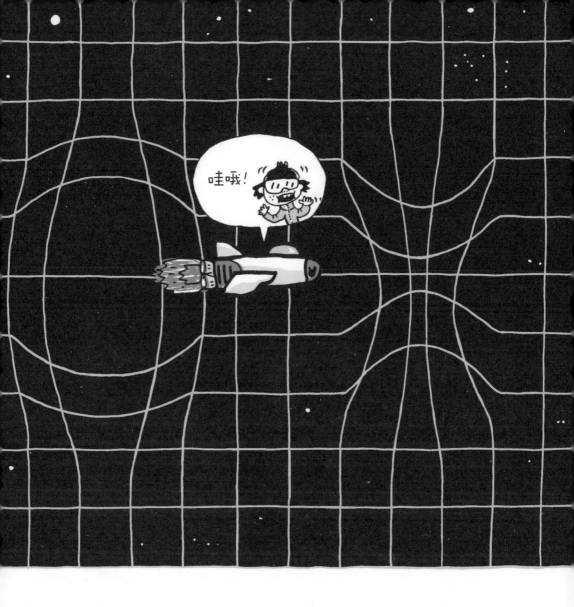

"真的吗?"

没错!不过我们需要非常非常非常多的能量,才可以让空间折叠。这是一个很难解决的问题,除非科学家们可以找到一种未知能量,即暗能量。

除此之外，还有一种方法可以拉近空间与空间的距离，实现超光速飞行。那就是利用藏在宇宙空间中的捷径，也就是**虫洞**。科学家正在努力地寻找虫洞。

"虫洞是什么样子的？它在哪里？"

它也许在黑洞里。宇宙中可能有许许多多个虫洞。

如果你发现了虫洞，一定要多加小心。因为有可能稍不注意，你就被困在虫洞里了。毕竟虫洞的开启和关闭都在一瞬间。

想要让虫洞在宇宙飞船经过的时候一直处于开启的状态，需要消耗巨大的能量。而且，即使有足够的能量，科学家也无法保证宇宙飞船可以顺利通过虫洞。

如果宇宙中真的有虫洞，并且人类可以很好地控制它，那么虫洞就可以成为超光速宇宙旅行，甚至是时间旅行的魔法通道！

虫洞是这个样子的

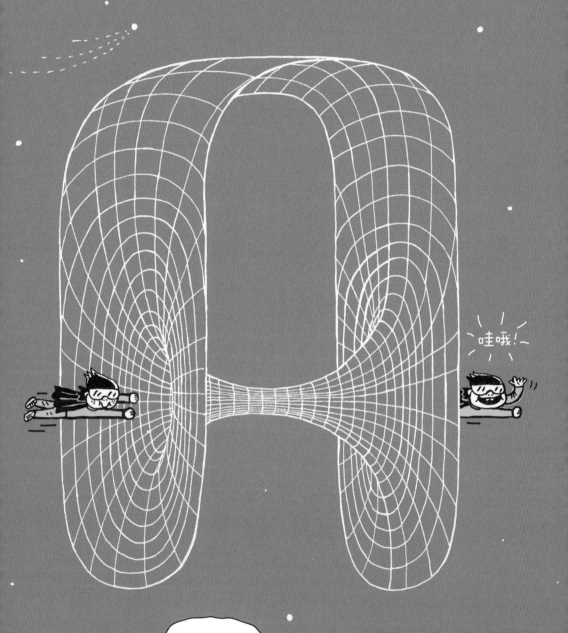

人类从来没有停止过对宇宙的探索。即使我们现在无法实现超光速飞行，人类也不会因此放弃飞往宇宙。

在太阳系的八大行星中，有一颗红色星球，它就是离太阳第四近的火星！

好奇号正在那里工作。

"好奇号是什么？"

它是机器人！

好奇号在 2012 年登陆火星。它的质量达 900 千克，和一台小型汽车差不多大。科学家为好奇号装上了长长的机械臂、显示器、摄像机，以及各种各样的分析装备和辐射探测器。它忍受着极端的环境，转动着 6 个轮子走来走去，对火星进行探测，再把照片回传到地球。它偶尔还会给自己拍一些照片。

虽然目前只有几台探测器抵达了火星，但是也许在100年后，就会有许许多多的探测器飞到那里，还会把火星改造成适合人类居住的地方。

火星是一个非常非常寒冷的地方，地表平均温度只有 −55℃。我们的目标就是把火星的温度提高 6℃！

"只提高这么一点点？"

这已经不算少了。为了提高 6℃，我们就要花掉很多钱。而且，只要火星的温度提高 6℃，那里就会发生天翻地覆的变化。

火星的北极和南极

都有厚厚的冰层。

温度提高之后，

冰层就会融化，

火星上

就会有海洋了！

我们可以提高火星的温度吗？怎样才能提高呢？

"给它盖上被子！巨大的被子！"

没错。空气就是它的被子。

"把空气送到火星上！"

往火星上排放温室气体！

你是说二氧化碳吗？

除了二氧化碳，还有很多种温室气体。例如：沼气、氮气、水蒸气、氟利昂……这些都属于温室气体。

"快点儿把地球上的温室气体带到那里！"

不，这个办法耗时太久了，而且科学家们也担心温室气体很快就飘散在宇宙中。

这个办法怎么样？

给人造卫星装上一面巨大的镜子，然后把人造卫星发射到火星上！

"为什么要这么做？"

镜子可以把阳光反射到火星的北极和南极，通过这个办法提高火星的温度！

火星上终于出现了海洋。

从现在开始，我们要开始第二项改造了。

为火星制造氧气！

"把氧气发送到火星上吗？"

不，我们需要让火星自行生产氧气。

首先，从地球带来可以进行光合作用的细菌，把它们撒到水坑里。科学家们会提前改变细菌的基因，确保它们可以在火星上生存。只要有水、二氧化碳和阳光，这些细菌就可以进行光合作用，这样就能产生氧气了！

无人机舰队向火星投放
光合细菌胶囊！

火星变得越来越像地球了!

因为温室气体和氧气,火星上的气压也逐渐升高。不过因为空气还十分稀薄,所以这时火星上的气压只有地球的 1%。如果在那里脱下航天服,只需 1 秒,我们身体里的血液会沸腾起来。

但是,我们不需要过于担心!

虽然火星变暖了,也有氧气了,但是火星对我们来说,还是一个很危险的地方。

火星上没有磁场！

"磁场是什么？"

你听过这样的说法吗？地球就像一个巨大的磁铁。

"我知道！所以我们才能在地球上使用指南针呀！"

你很厉害哟！没错，地球之所以被称作巨大的磁铁，是因为地球内部的温度非常高，地核中铁、镍等金属都变成了流体。这些流体不断运动产生了电流，电流的变化又产生了地球磁场。

磁场包围着地球，可以把可怕的太阳风和宇宙射线都阻挡在外，所以地球才会相对安全。

但是火星与地球不同。

火星的地核中铁成分比较少，而且因为温度相对较低，所以火星并没有形成包围整个火星的磁场。因此，太阳风和宇宙射线都可以长驱直入。

我们要为火星创造磁场！

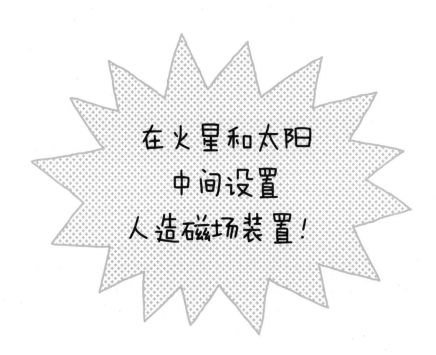

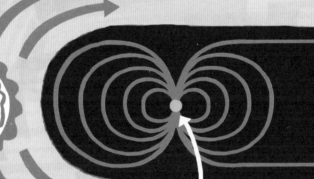

火星

人造磁场装置

"真希望我们可以早一点儿登陆火星！"

"再等一等吧。在不久的将来，人类就可以在火星上建立居住地了！"

完成火星的开拓之后，人类的足迹将走向更远、更远的地方，探测小行星，探测木星和土星的卫星……最终，飞往系外行星！

唰！唰！唰！

机器人会代替我们探索宇宙。在那之后，人类就可以跟随机器人的脚步，离开地球，即使永远回不来也没关系。

地球面临的危机正在逼近。

咳咳！

空气污染太严重了，臭氧层出现了漏洞，温室气体增多，地球温度也越来越高。冰川融化，海平面上升，许多沿海城市都会被淹没；江河干枯，树木消失，草原慢慢变成了沙漠，海洋也遭到了非常严重的污染，但是人口却在不停地增加，垃圾也变得越来越多了……

地球的状态已经非常糟糕了！

"我们需要尽快逃离地球！"

即使地球遭到了辐射污染、大气污染，随时都会有台风、地震、干旱和洪水等自然灾害，但是地球还是比太阳系外的任何一颗行星都要安全。也许，改善地球环境要比逃离地球容易得多，但是人类仍然会选择飞向宇宙！

"为什么？"

因为宇宙就在那里！

在想象中

马拉着马车,带着人类
飞向太阳。

坐在大弹珠上弹向月球。

带领宇宙舰队遨游
银河帝国!

直到有一天,人类真的
离开了地球!

1969 年，航天员穿过黑暗的宇宙空间，飞行了三天三夜，最终抵达月球。现在，人类已经在地球外的宇宙空间建起了巨大的国际空间站。不仅如此，还有人长期生活在那里！很快，我们一定也可以飞到火星上去！

100 年以后、500 年以后、1000 年以后，人类会在哪里呢？那时的我们会做些什么事情呢？

科学家已经拥有了预测能力，他们可以判断出哪些事情是永远不可能实现的，又有哪些事情是最终会成为现实的。

只要没有违背物理法则，一切都是可能的！

世界上没有任何一条物理法则禁止时间旅行、空间移动，也没有哪条物理法则可以证明心灵感应和虫洞不存在！

未来，人类一定可以以光速遨游宇宙空间。因为我们一定可以掌握获得大量能量的方法。其实，科学家们已经知道能量藏在哪里了。

"能量在哪里？"

在太阳里！

太阳在发生核聚变反应的时候会喷发出巨大的能量。但是，在这些能量中，只有1%可以到达地球，而人类可以利用的能量还不足这1%的1%。

"那剩下的能量去哪儿了？"

它们都消失在宇宙中了。

"太可惜了！"

也许100年或者200年以后，人们就可以充分地利用这些能量了。再过1000年，或许我们就可以利用太阳的全部能量了！

在宇宙空间
建造一颗戴森球！

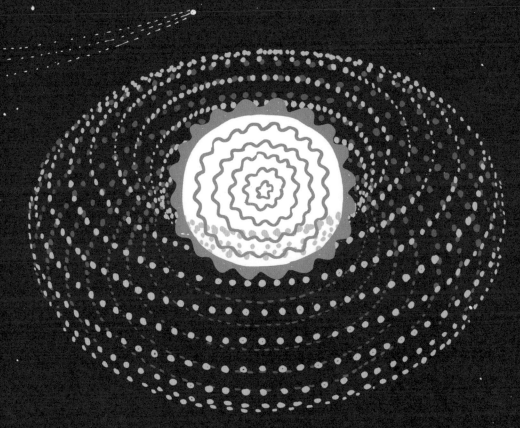

戴森球是一种围绕着太阳的巨大的球形结构。
它可以 100% 吸收太阳释放的能量。

用来制作戴森球的物质比水泥的强度高 262 倍，
比碳纳米管的强度还要高。

如果有一天，
我们可以完全利用
太阳的能量，
就可以避免
地球的灭亡！

真的吗？

如果可以随心所欲地利用太阳能，我们就可以做很多事情。

小行星撞击地球？不用担心，我们可以发射火箭，改变小行星的运行轨道。全球气候变暖？这当然也不是什么大问题。因为我们不会再使用会产生温室气体的化石燃料，利用太阳能就可以了！冰期来临？没关系，我们可以建设地下城市。太阳变得太大，怕地球会被它吞噬？不用怕，把地球挪开！让它远离太阳！

当然，我们也可以乘坐大型宇宙舰队离开地球。

"哇！"

超光速旅行将是人类的最后一份作业。如果可以解决这个问题，那么，建立银河帝国将会成为现实！

在遥远的恒星周围，在许许多多系外行星上生活的将不再是地球人，而是蒂加登人、巴纳德星人、TRAPPIST星人、飞马星人、大熊座人、格利泽581星人，他们都是人类的子孙。

也许在银河帝国的某一个角落，他们会听着关于故乡地球令人伤心的传说。

不，也许人类的未来和我们想象的并不一样。

在很久以前，主宰海洋3亿年的三叶虫和主宰地球2.5亿年的恐龙都惨遭灭绝。曾经在地球生存过的生命体中，99%都已经不复存在，也许人类也不例外。

"不，我们一定不一样！"

我也希望如此。

毕竟三叶虫和恐龙都无法预测未来，无法做好迎接未来的准备。但是人类拥有科学，我们可以凭借科学的力量改变我们的命运。

如果恐龙也掌握了科学，在它们生存的1.85亿年里认真研究了科学，也许它们也会在小行星撞击地球之前成功逃离。

"噗！哈哈！如果真的是这样的，那么现在坐在系外行星上的就不是人类，而是恐龙了吧？"

哈哈！也许就是这样的！

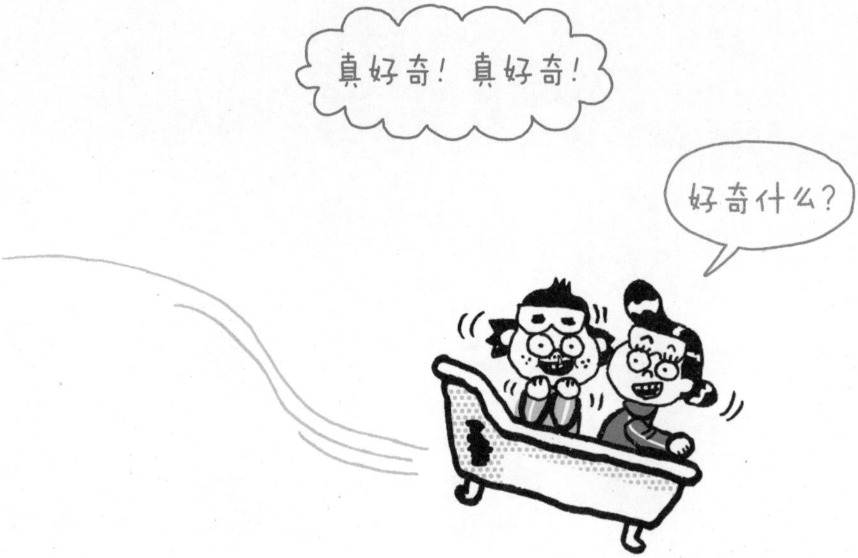
真好奇！真好奇！
好奇什么？

当然是好奇
人类的未来！

为了对抗地球的命运，人类将利用科学做出些事情来。

——加来道雄

制作团队

三环童书
SMILE BOOKS

策划团队：三环童书
统筹编辑：胡献忠
项目编辑：徐　溧
封面设计：黄　慧
内文制作：谷亚楠

미래가 온다 시리즈 10. 서기 10001년

Text Copyright © 2020 by Kim Seong-hwa, Kwon Su-jin

Illustrator Copyright © 2020 by Choe Minan

Original Korean edition was first published in Republic of Korea by Weizmann BOOKs, 2020.

Simplified Chinese translation copyright © 2022 by Smile Culture Media(Shanghai) Co., Ltd.

This Simplified Chinese translation copyright arranged with Weizmann Books through Carrot Korea Agency, Seoul, KOREA.

All rights reserved.

版权贸易合同登记号 图字：01-2022-0860

图书在版编目（CIP）数据

未来已来系列 . 畅想未来世纪／（韩）金成花,（韩）权秀珍著；
（韩）崔美兰绘；小栗子译 . -- 北京：电子工业出版社，2022.7
ISBN 978-7-121-43071-8

Ⅰ.①未… Ⅱ.①金… ②权… ③崔… ④小… Ⅲ.①自然科学－少儿读物
②未来学－少儿读物 Ⅳ.① N49 ② G303-49

中国版本图书馆 CIP 数据核字 (2022) 第 037890 号

责任编辑：苏　琪　　特约编辑：刘红涛
印　　刷：佛山市华禹彩印有限公司
装　　订：佛山市华禹彩印有限公司
出版发行：电子工业出版社
　　　　　北京市海淀区万寿路 173 信箱　邮编：100036
开　　本：889×1194　1/16　印张：44.25　字数：424.8 千字
版　　次：2022 年 7 月第 1 版
印　　次：2022 年 7 月第 1 次印刷
定　　价：228.00 元（全 5 册）

凡所购买电子工业出版社图书有缺损问题，请向购买书店调换。若书店售缺，请与本社发行部联系，联系及邮购电话：（010）88254888，88258888。

质量投诉请发邮件至 zlts@phei.com.cn。盗版侵权举报请发邮件至 dbqq@phei.com.cn。

本书咨询联系方式：（010）88254161 转 1821，zhaixy@phei.com.cn。